高等院校"十三五"创新型应用人才培养规划教材

室内软装风格学习教程

SHINEI RUANZHUANG FENGGE XUEXI JIAOCHENG

主编 谭宇凌 李 杰

合肥工业大学出版社

图书在版编目（CIP）数据

室内软装风格学习教程/谭宇凌等主编. —合肥：合肥工业大学出版社，2018.5
高等院校"十三五"创新型应用人才培养规划教材
ISBN 978-7-5650-3739-9

Ⅰ.①室…　Ⅱ.①谭…　Ⅲ.①室内装饰设计—高等学校—教材　Ⅳ.①TU238.2

中国版本图书馆CIP数据核字（2017）第329474号

室内软装风格学习教程

谭宇凌　李　杰　主编　　　　　责任编辑　袁　媛

出　版	合肥工业大学出版社	版　次	2018年5月第1版
地　址	合肥市屯溪路193号	印　次	2018年5月第1次印刷
邮　编	230009	开　本	787毫米×1092毫米　1/16
电　话	艺术编辑部：0551-62903120	印　张	11.5
	市场营销部：0551-62903198	字　数	260千字
网　址	www.hfutpress.com.cn	印　刷	安徽联众印刷有限公司
E-mail	hfutpress@163.com	发　行	全国新华书店

ISBN　978-7-5650-3739-9　　　　　　　定价：58.00元

高等院校"十三五"创新型应用人才培养规划教材

序

    室内软装自古有之，中国古代大户的厅堂，讲究严格有序，中规中矩，以正厅中轴线为基准，采用成套的对称方式摆放，家具、楹联、匾额、挂屏、书画屏条都以中轴线形成两边对称布置，庄重高贵气派。入门正对着板壁或屏风，屏风用来挡风辟邪和加强私密性。中堂字画，则是按"皇、相、翰林、名人、格言"为序的匾额，是中国古代社会文明中的"序"和"礼"。上条幅，也皆是名人字画，内容多为儒家政治家修身格言。厅堂家具的摆放，可谓"添一笔则无章，少一笔则意寡"，讲究相得益彰，起坐之间，自成天地。而古人对摆设饰品更是精益求精，折花供瓶对花器比今人更考究，晚明袁宏道《瓶史》"器具"篇载："养花瓶亦须精良。官、哥、象、定等窑，细媚滋润，皆花神之精舍也。"至于花艺，也称花道，兴于宋，盛于明，插花形式受禅宗及道家影响，崇尚朴素自然，讲究简劲奇古的野趣创作，表现手法近似文人画。花瓶最早出现在魏晋南北朝时期，且由供养礼佛的香花而来。"花"字在南北朝以前的文字中还没有出现。"花"与"华"通假，从野生花卉到庭院栽植，再到厅堂摆放，花的芳香、艳丽和品德也随之进入中国文化的基因谱系。于书斋雅室中置瓶插花，乃古代文人生活的雅趣之一，插花与挂画、焚香、点茶合称为四般闲事。由此可窥见古人对用物件营造生活空间意境及等级的热爱和执著。

    由此可见，软装设计并不是一个新兴行业，在我国古建筑行业传统装饰界中软装历史悠久绵长。随着历史的更迭，西风东进，尤其20世纪80年代末至90年代初，中国各大城市掀起了室内装修的高潮，在建筑空间不配套的条件下，基本上是盲目抄袭西方发达国家的生活方式，装修行业进入了"重装修轻装饰时期"。差不多从21世纪开始，中国建筑装饰行业经历20年的发展乱象后开始回归理性，室内装修不再是到处开洞砌墙做造型和制造一堆钢筋混凝土的垃圾，而是通过色彩、家具、灯具、布艺、花艺、画品、摆饰品来营造空间意境，再造空间层次，突出风格柔化空间。中国装修行业进入了"重装饰轻装修时期"。

编 者

2018年2月

目　录

第一章　什么叫软装

什么是软装？软装和硬装的区别是什么？

　　真正完整的家居装饰实际上是由两部分构成，即硬装修与软装饰。整体软装，就是指在完成地板、墙面、门窗等硬装后，通过整体设计，利用家具、窗帘、布艺、灯饰、画品、地毯、绿植等可以移动的物品，对室内进行的二度陈设与布置，从而软化空间，完善功能，让居室空间更有品位、更宜居。如果把硬装比作居室的躯壳，软装则是其灵魂。硬装是指室内装修中固定的、不能移动的装饰物。除了必须满足的基础设施以外，为了满足房屋的结构、布局、功能、美观需要，添加在建筑物表面或者内部的一切装饰物，也包括色彩，这些装饰物原则上是不可移动的。硬装主要包括电线、水管、隔墙、吊顶、房门、地板、瓷砖、墙面涂料、洁具、厨具、灯具等，不可随意移动的装饰。软装是在商业空间环境与居住空间环境中所有可移动的元素，关于整体环境、空间美学、陈设艺术、生活功能、材质风格、意境体验、个性偏好，甚至风水文化等多种复杂元素的创造性融合。软装的元素包括家具、装饰画、陶瓷、花艺绿植、布艺、灯饰、其他装饰摆件等。

　　居家生活的每一个细节，都无不与软装有关。其中最主要的大件家具，如沙发、床、餐桌、书柜的风格特色、尺寸造型，也将决定整体家居装饰的基本调性、空间结构。故选择软装产品应先选家具，再选灯饰、布艺、各种饰品、装饰画、装饰毯等，整体搭配协调。选好色彩搭配，并且按搭配好的方案，成套购买装饰品（包括花艺、抱枕、墙贴、窗帘、地毯、台灯、挂画、落地灯和摆件等），这样才能达到软装搭配组合的最佳效果，让空间魔术般地展现有品位的格调。因此，软装饰孕育着更多的变化，也更能体现时代的进步。业主（或户主）通过更换软装饰，可以给家一个全新的感觉，在装修之初，与设计师沟通时，就要特别注意未来的发展，不要把太多的精力和财力投入硬装修中，给自己留出更多后期软装发挥的空间，方能在有限的空间里赋予无限的视野。

软装的五大功能

1. 营造空间意境

2. 丰富空间层次

3. 突出空间主题

4. 调节空间色彩

5. 增强空间心理体验

总结

软装的五大功能

1. 营造空间意境

　　"软装饰"和"硬装饰"是相互渗透的，设计师会利用麻、棉、丝、化纤类纺织品来打造空间的表情，一般用麻、棉、丝的垂挂和天然家具材质表皮营造宁静禅意的空间，用夸张印染的抽象大图案和化纤面料及复合材料营造现代或北欧风。表达出业主的心理愿景，从而达到身心的愉悦。

2. 丰富空间层次

空间造型靠材料的纵向及横向的分割和围合来再造视觉体验，设计师会运用不同的家具及装置尺度来划分空间区域。而各种装饰品根据空间主题的需要进行艺术性的填充及陈列，可以让空间立面主视觉的高、中、低三个高度更丰富细腻，避免了空间立面装饰造型的单调化，从而让空间立面真正地立体起来。

3. 突出空间主题

每一个设计空间应该有一个自己的表现主题，一般会和空间风格紧密相关。

例如中式主题的空间，设计师会让各种装饰品控制在同一种风格内，视觉上彼此呼应，材质肌理上尽量接近，这样可以强化中式风格的视觉表现，达到空间表现目的。

4. 调节空间色彩

任何空间都需要有一个色彩主倾向，无论是冷暖色调，还是中性无彩色系。在硬装空间盒子的六个面中，大面积色彩对空间的影响几乎占据主体地位，但设计师运用可移动饰品及家具的各种跳跃色块，以点的形式来改变空间色彩导向。

5．增强空间心理体验

同一空间软装手法不同，会带给客户完全不同的心理体验，如软、硬、温暖、冰冷、炫酷、落伍、年轻化、老年化、时代感、怀旧感、未来感等。设计师可以通过色彩、灯具、纺织品来增强空间硬装设计的体验感，让热烈更热烈，冰冷更冰冷。

总　结

软装是空间的二次创造

可移动

可组合

方便更换

第二章 认识空间与建筑

空间的四大要素

1. 功能
2. 界面
3. 比例尺度
4. 光

建筑的三大要素

1. 建筑与人的关系
2. 建筑空间的围合与分割
3. 建筑空间的结构与材料构成

单元提问

空间的四大要素

1. 功能

19世纪八九十年代，芝加哥学派建筑师沙利文明确提出了"形式追随功能"（Form Follows Function）的观点来划分空间区域，也就是空间功能决定表现形式。功能决定形式，解决功能问题就是解决人们使用的舒适性和便捷性，只有在解决功能的前提下产生的形式，才会有它的识别性，才会更适合这个空间。

包豪斯强调"艺术与技术的新统一"的视觉体验，也是强调空间功能的重要性。孔子主张"文质兼备"，即要求内容和形式的统一。在21世纪的今天更是强调空间使用定位，建筑作为人类使用的"机器"，你在这个机器里面干什么？使用用途决定了空间的内部划分及材料的选择，而形式的作用在于它反过来会优化功能。

INTER FACE

2．界面

　　室内界面指的是空间的各个围合面，地面、墙面、隔断面、顶，这是空间这个盒子六个面的表现形式及装饰手法。界面的组成一般由造型按比例尺度、材质、肌理、色彩构成。

　　界面的功能特点：地面要求防滑、防水、防潮、防静电、耐磨、耐腐蚀、隔声、吸音、易清洁。墙面要求遮挡视线，具有较好的隔声、吸音、保暖、隔热效果。顶要求质轻、光反射率高，具有较好的隔音、吸音、保暖、隔热的效果。

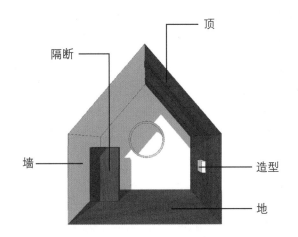

RATIO
SCALE

3. 比例尺度

比例是影响尺度感的重要因素之一，以人的行为习惯和舒适性为标准来看比例，我们会发现最美的黄金比例是0.618，它由黄金分割产生，是指将整体一分为二，较大部分与整体部分的比值等于较小部分与较大部分的比值，其比值约为0.618。这个比例被公认为是最能引起美感的比例，因此被称为黄金比例。

所谓"尺度"，按中国汉字组词方法理解，顾名思义："尺"是尺寸的尺，是衡量线面体空间大小的基本标准单位，是绝对大小的量；"度"是度量，是用尺来量取线面体空间的行为过程，是动词；"度"又是程度，包含着等级差别的意义，它是由量与量之间关系的比较而产生的相对大小的量好的空间，就是要局部与整体比例尺度协调进而产生一定的韵律美。

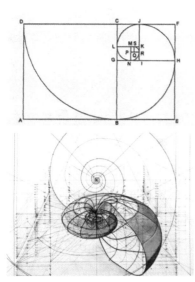

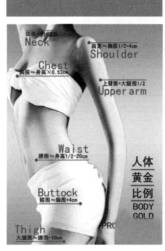

4. 光

　　在我们感知的世界中，光亮与黑暗的对比让事物的细部与构造得以呈现，在充满光的场所空间里，透过穿流于空气与事物间的磁波动，我们得以认知这个世界。如果没有光线，空间会被吞没至漆黑无形，光已经成为雕刻空间细节的重要因素。

　　光分为自然光和人造光，它是建筑艺术的灵魂，光塑造形象，物的形象只有在光的作用下才能被视觉感知。光建构空间，明和暗的差异自然地形成室内外不同空间划分的心理暗示。光微妙的强弱变化造就了空间的层次感。光渲染气氛，并对人的心理状态和光环境的艺术感染力有决定性的影响。

建筑的三大要素

1. 建筑与人的关系

柯布西耶提出"建筑是居住的机器"，他同时还提出了新建筑的五个要素：①底层独立支柱，形成建筑的六个面，而不是传统的六个面；②屋顶花园；③自由的平面，尽量减少用墙面分隔房间的传统；④横向长窗；⑤自由的立面。这些新的观点的实施使新建筑比古典建筑更适合现代人的生活方式。

隈研吾主张让建筑消失。建筑怎样才会消失呢？他尝试用无秩序的建筑来消去建筑的存在感。很多城市都是无秩序的都市。老的、新的、大的、小的、人工的、自然的，所有一切都杂乱无章地混合在一起。这既是都市常见的缺点，同时也是城市的魅力所在。隈研吾考虑把这种混沌实现在一个建筑中，使它与周围的混沌融为一体，即建筑与人及自然环境和谐共生。

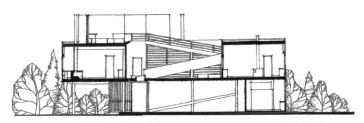

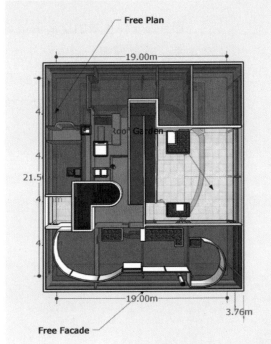

ARCHIT ECTURE

2. 建筑空间的围合与分割

围合是一种基本的空间形成方式和限定方式。一说到围，总有一个内外之分，而它至少要有多于一个方向的面才能成立。围合可以将空间组合成动态空间、静态空间、流动空间。

分割是将空间再划分成几部分，分割可以分为绝对分割、局部分割、象征性分割、弹性分割。围合与分割的组合运用可以打造出更多的空间形式。

可折叠的
弹性分割

到顶的
绝对分割

空间围合

空间围合

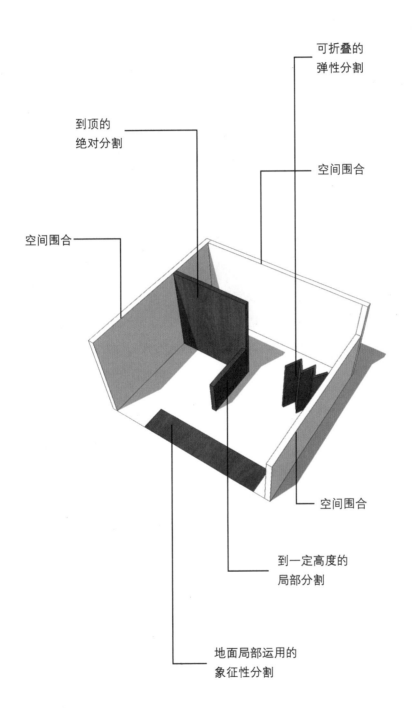

空间围合

到一定高度的
局部分割

地面局部运用的
象征性分割

ARCHIT ECTURE

3. 建筑空间的结构与材料构成

按所用材料分：有砌体结构、木结构、混凝土结构、钢结构等；按承重结构类型分：有砖混结构、框架结构、框剪结构、剪力墙结构、筒体结构、排架结构等；按其他的分类标准还有其他的类别名称，常见的是把上面两种分类类别结合起来用，比如"钢筋混凝土框架结构"。

砌体结构：是一种传统结构，在西方都有。其优势在于组合效果，圆弧、穹顶是西方建筑的特点，长城、赵州桥是中国的代表作。木结构：主要在亚洲国家，古建筑都有很多代表作。木结构在东方存在是一种必然，因为地震让砖石结构的建筑变成瓦砾，而木结构的建筑却安然无恙。在古代木结构的抗震效果有很大优势。水泥最早发源于罗马，混凝土结构在 17 世纪的欧洲开始盛行。

钢结构制作方便、组装速度快，埃菲尔铁塔就是比较有名的代表作。

EXER
CISE

单元提问

空间的围合与分割有几种方式?
常用建筑结构的分类有哪些?

第三章 认识室内装修材料

室内主要装修材料

1. 木材

2. 石材及瓷砖

3. 玻璃

4. 塑料

5. 金属

6. 纺织品

7. 墙纸

8. 涂料

单元提问

室内主要装修材料

1. 木材

木材因为优良的亲和力及恒温恒湿的物理属性，在室内装修中大受欢迎。在工程中木材分为实木、原木及各种胶合板材，我们这章谈到的主要为原木，即材料表面纹理和内部材质一致。

【红木】所谓"红木"，从一开始，就不是某一特定树种的家具，而是明清以来对稀有硬木优质家具的统称。而硬木类主要包括黄花梨、紫檀、花梨木、酸枝木、鸡翅木。

硬木因为颜色较深，多体现出古香古色的风格，用于传统家具。优点在于木质较重，给人感觉质量不错。一般木材本身都有自身所散发出的香味，尤其是檀木，材质较硬、强度高、耐磨、耐久性好。缺点：因为产量较少，所以很难有优质树种，质量参差不齐；纹路与年轮不清楚，视觉效果不够清新；材质较重，不轻易搬运；材质较硬，加工难度高，而且轻易出现开裂的现象。

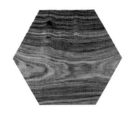

【黄花梨】为我国特有珍稀树种。木材有光泽，具辛辣味；纹理斜而交错，结构细而匀、耐腐。耐久性强、材质硬重、强度高。

【紫檀】产于亚热带地区，如印度等东南亚地区。我国云南、两广等地少量出产。木材有光泽，具有香气和辛辣味，久露于空气后变紫红褐色，纹理交错，结构致密、耐腐、耐久性强、材质硬重细腻，强度高。

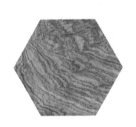

【花梨木】分布于全球热带地区，主要产地为东南亚、南美和非洲。我国海南、云南及两广地区已有引种栽培。材色较均匀，由浅黄至暗红褐色，可见深色条纹，有光泽，具稍微或显著清香气，纹理交错、结构细而匀（南美、非洲品种略粗）、耐磨、耐久性强、硬重、强度高，通常浮于水。

【酸枝木】主要产地为东南亚国家。木材材色不均匀，心材橙色、浅红褐色至黑褐色，深色条纹明显。木材有光泽，具酸味或酸香味，纹理斜而交错，密度高、含油腻，坚硬耐磨。

【鸡翅木】分布于全球亚热带地区，主要产地为东南亚和南美，因为有类似"鸡翅"的纹理而得名。纹理交错、不清楚，颜色突兀，木材无香气，生长年轮不明显。

【橡木】橡木属麻栎，山毛榉科，树心呈黄褐至红褐，生长年轮明显，略成波状，质重且硬，我国北至吉林、辽宁，南至海南、云南都有分布，但优质材并不多见。

【橡胶木】原产于巴西、马来西亚，国内产于云南、海南及沿海一带，是乳胶的原料。橡胶木颜色呈浅黄褐色，年轮明显，轮界为深色带，管孔甚少。木质结构粗且均匀，纹理斜，木质较硬，切面光滑，易胶粘，油漆涂装性能好。

【水曲柳】水曲柳主要产于我国东北、华北等地，呈黄白色（边材）或褐色略黄（心材）。年轮明显但不均匀，木质结构粗，纹理直，花纹漂亮，有光泽，硬度较大。水曲柳具有弹性强，韧性好，耐磨，耐湿等特点。但干燥困难，易翘曲；加工性能好。

【柞木】重、硬、生长缓慢，心边材区分明显。纹理直或斜，耐水耐腐蚀性强，加工难度高，但切面光滑，耐磨损，胶接要求高，油漆着色、涂饰性能良好。

【胡桃木】：胡桃属木材中较优质的一种，主要产自北美和欧洲。国产的胡桃木，颜色较浅。黑胡桃木呈浅黑褐色带紫色，弦切面为漂亮的大抛物线花纹（大山纹）。黑胡桃木非常昂贵，做家具通常用木皮，极少用实木。

【樱桃木】进口樱桃木主要产自欧洲和北美，木材呈浅黄褐色，纹理雅致，弦切面为中等的抛物线花纹，间有小圈纹。樱桃木是高档木材，做家具通常用木皮，很少用实木。

【枫木】枫木分软枫和硬枫两种，属温带木材，国内产于长江流域以南直至台湾，国外产于美国东部。木材呈灰褐至灰红色，年轮不明显，管孔多而小，分布均匀。枫木纹理交错，结构纤细而均匀，质轻而较硬，花纹图案优良。易加工，切面欠光滑，干燥时易翘曲。油漆涂装性能好，胶合性强。

【桦木】桦木年轮略明显，纹理直且明显，材质结构细腻而柔和光滑，质地较软或适中。桦木富有弹性，干燥时易开裂翘曲，不耐磨。加工性能好，切面光滑，油漆和胶合性能好。常用于雕花部件。

【榉木】重、坚固，抗冲击，蒸汽下易于弯曲，可以制作造型，握钉性能好，但是易于开裂。其为江南特有的木材，纹理清楚，木材质地均匀，色调柔和、流畅。比多数硬木都重，在窑炉干燥和加工时易出现裂纹。

【松木】松木是一种针叶植物（常见的针叶植物有松木、杉木、柏木），它具有松香味、色淡黄、节疤多，对大气温度反应快、轻易胀大、极难自然风干等特性，故需经人工处理，如烘干、脱脂去除有机化合物，漂白统一树色，中和树性，使之不易变形。

MATE
RIAL

2. 石材及瓷砖

石材分为天然石材和人工石材，天然石材主要有花岗石和大理石，作为铺设地面、飘窗、踏步、墙裙等大面积使用。砂岩和板岩产品因为它的原始纹理以及独特性受到追捧。人造石材多指人造花岗石和人造大理石。人造石材具有天然石材的质感、色彩、花纹，都可以按设计要求制作，且质量轻、强度高、耐蚀和抗污染性能好，可以制作出曲面、弧形等天然石材难以加工出来的几何形体，钻孔、锯切和施工都较方便，是居室装饰中较理想的装饰材料。

瓷砖按其制作工艺及特色可分为釉面砖、通体砖、抛光砖、玻化砖及马赛克。通体砖即是一种不上釉的瓷质砖，而且正面和反面的材质和色泽一致，有很好的防滑性和耐磨性。釉面砖就是砖的表面经过施釉高温高压烧制处理的瓷砖，这种瓷砖是由土坯和表面的釉面两个部分构成的。釉面的作用主要是增强瓷砖的美观和起到良好的防污作用。抛光砖就是通体砖坯体的表面经过打磨而成的一种光亮砖，属于通体砖的一种。抛光砖表面光洁、坚硬耐磨，还可以做出各种仿石、仿木效果。

MATE
RIAL

3. 玻璃

玻璃在室内装饰中应用广泛，种类主要分为平板玻璃、钢化玻璃（又称强化玻璃）、夹胶玻璃、彩釉玻璃、中空玻璃、磨砂玻璃、压花玻璃、刻花玻璃等，是打造空间通透感、层次感的好帮手。同时还有不少玻璃衍生物的装饰品的运用，让空间更加精彩，趣味十足。

在建材上，玻璃砖和镀膜玻璃装饰效果非常好，设计师经常在室内空间进行配合各种主题的运用，有助于提高空间的质感。

MATE
RIAL

4．塑料

塑料具有易于加工、造价低、品种多等优点，在家具及室内装修中已有一席之地并且地位正在不断提高，但聚氯乙烯家具易老化、脆裂，只能放在室内使用，不适合用于室外。塑料在装饰方面给生活空间带来了质的改变。现代建筑规模和复杂性要求建筑施工向轻量化、预制化发展，塑料建材正适应了这一发展趋势，使建筑施工速度加快，许多现场繁重的作业转由工厂机械化高效率的生产。塑料以其高密、轻质被制成各种板材应用在各种结构中，同时塑料在家具中的应用非常广泛，通过很多工艺可以达到极高的品质。

MATE
RIAL

5. 金属

在现代建筑装饰工程中，使用的金属装饰材料品种繁多，有钢铁、铝、铜及彩色不锈钢装饰板等合金材料。它们的特点是使用寿命长、表现力强。金属这些特点是其他材料所无法比拟的，由此赢得人们的喜爱并得到广泛的应用。例如高层建筑的金属幕墙、铝合金门窗及其五金、围墙、栅栏、阳台、楼梯、入口、墙面、柱面等，都是采用各种金属材料制成的。金属一般给人冷酷的感觉，但是它的质感相当不错，给人一种品质感。金属质感的室内空间可以营造出来非常时尚大气的感觉，而金属的配件更是起到了画龙点睛的作用。

Espiell i tirador per a la
porta d'entrada al pis
principal de la Casa Calvet

Mirilla y tirador para la puerta
de entrada al piso principal
de la Casa Calvet

Peephole and handle for the
entrance door to the first
floor of Casa Calvet

MATE
RIAL

6. 纺织品

　　纺织物在人类历史上是使用最为普遍的材料之一，根据丝织品种的组织结构、采用原料、加工工艺、质地、外观形态和主要用途可分成纱、罗、绫、绢、纺、绡、绉、锦、缎、绨、葛、呢、绒、绸等十四大类。装饰用途的纺织品分为室内用品、床上用品和户外用品，包括家布和餐厅浴室用品，如地毯、沙发套、椅子、壁毯、贴布、像罩、纺品、窗帘、毛巾、茶巾、台布、手帕等；床上用品包括床罩、床单、被面、被套、毛毯、毛巾被、枕芯、被芯、枕套等；户外用品为人造草皮。纺织品因为它天生的肌肤亲和力，深受广大用户青睐，在软化空间线条方面起到了重要的作用。

7. 墙纸

　　墙纸在装饰空间的运用中是极易影响空间效果的材料，其施工简便，主要分为以下几个类别：PVC壁纸也称胶面墙纸，有反光和亚光两种效果。它能防潮、防霉、防水、防火，由于表面有一层珠光油，不容易变色。无纺壁纸，是用棉、麻等天然纤维或涤、腈合成纤维，经过无纺成形、上树脂、印制彩色花纹而成的一种高级饰面壁纸。其特性是挺括、不易撕裂、富有弹性、表面光洁，又有羊绒毛的感觉，而且色泽鲜艳、图案雅致、不易褪色，具有一定的透气性，可以擦洗。纯纸壁纸，主要由草、树皮等，以及现代高档新型天然加强木浆（含10%的木纤维丝）加工而成，花色自然、大方、纯朴，粘贴技术简易，不易翘边、起泡，无异味，环保性能高，透气性强，为欧洲儿童房间指定专用型壁纸。天然纺织物壁纸，以丝、羊毛、棉、亚麻等编织成装饰面层再复合在壁纸底纸上形成的墙纸，有高贵、柔和的感觉。锦缎壁纸是更为高级的一种天然纺织物壁纸，要求在三种颜色以上的缎纹底上，再织出绚丽多彩、古雅精致的花纹。锦缎墙纸柔软易变形，价格较贵，适用于室内高级饰面装饰。

MATE
RIAL

8. 涂料

装饰装修中常用油漆：

清油：主要在刷油漆之前做打底漆用。

原漆：又名铅油，是由颜料与干性油混合研磨而成，多用以调腻子。

调合漆：又名调和漆，分油脂漆和天然树脂漆两类。

清漆：又名凡立水，分油基清漆和树脂清漆两类。品种有酯胶清漆、酚醛清漆、醇酸清漆、硝基清漆及虫胶清漆等。光泽好，成膜快，用途广。

磁漆：以清漆加颜料研磨制成，常用的有酚醛磁漆和醇酸磁漆两类。

防锈漆：分油性防锈漆和树脂防锈漆两类。

乳胶漆：漆膜有一定透气性和耐碱性。干燥后漆膜不起泡、不变色、不发黏，多用于内墙涂饰。对人体无毒，对环境无污染。

涂料也是快速改变空间视觉效果的神器。

EXER CISE

单元提问

建筑室内的常用装修材料有哪些?

应该如何挑选纺织品?

第四章　软装色彩

色彩的构成

1. 三原色
2. 色彩的三要素
3. 间色和复色
4. 其他色彩

色彩的心理

1. 色彩的情感
2. 色彩的调和

色彩的搭配

1. 对比色搭配
2. 同类色搭配
3. 近似色搭配
4. 无彩色搭配

单元提问

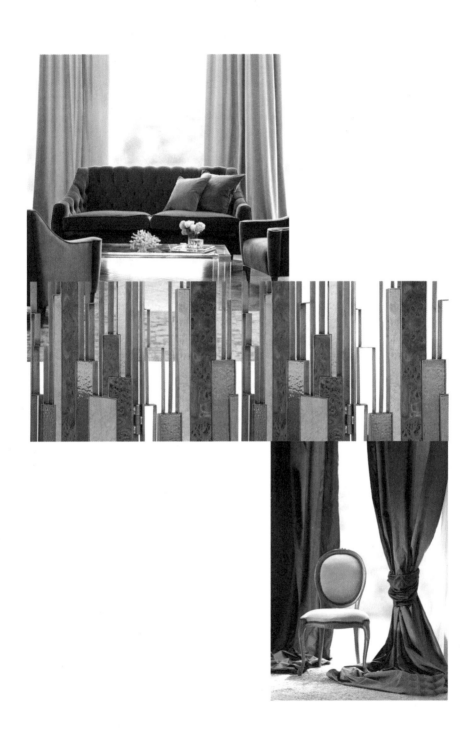

COLOUR

色彩的构成

1. 三原色

　　从物理学上讲，三原色分为两种：一种是色光三原色——红绿蓝，也就是我们通常说的 RGB 颜色；另一种是调色三原色——红黄蓝（又称为消减型的三原色，是洋红、黄色、青色）。前一种是各种屏幕的三基色，后一种是各种颜料的三基色。以不同比例将原色混合，可以产生出其他的新颜色。我们软装色彩上谈到的三原色，指的是调色三原色——红黄蓝三原色。

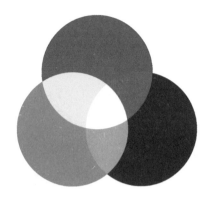 

色光三原色：红绿蓝

洋红+黄=红（M100+Y100）

青+黄=绿（Y100+C100）

青+洋红=蓝（C100+M100）

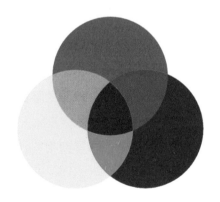 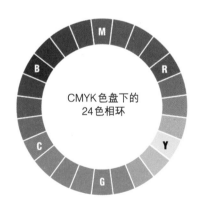

调色三原色：红黄蓝

COLOUR

2. 色彩的三要素

色相：色相即各类色彩的相貌称谓，是色彩的首要特征，是区别各种不同色彩的最准确的标准。事实上任何黑白灰以外的颜色都有色相的属性。色彩可通过色相来呈现出其本质的面貌。自然界中各种不同的色相是无限丰富和多彩的。

明度：明度就是色彩的明暗差别、光亮程度，所有色彩都有自己的光亮。其中，暗色被称为低明度，亮色被称为高明度。彩色的明度差别主要是指某一色相在混入黑色或者白色后，产生的深浅变化。

纯度：纯度也称饱和度或彩度、鲜艳度。色彩的纯度强弱，是指色相感觉明确或含糊、鲜艳或混浊的程度。根据色环的色彩排列，相邻色相混合，纯度基本不变。如红色和黄色相混合，将得到相同纯度的橙色。

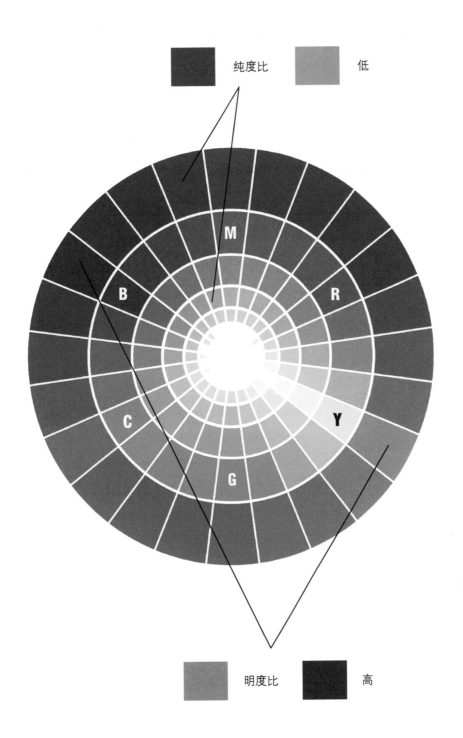

纯度比　低

明度比　高

COLOUR

3. 间色和复色

间色：由两种原色混合成的颜色叫间色。

红＋黄＝橙

红＋蓝＝紫

黄＋蓝＝绿

复色：如果我们把原色与两种原色调配而成的间色再调配一次，我们就会得出复色，复色也叫次色和三次色。复色是很多的，但多数较暗灰，没有原色和间色鲜艳，复色可调出丰富多样的色彩，在视觉世界里，绝大部分物质的色彩都属于复色。

原色、间色和复色这三类颜色相比较有一个比较明显的特点，那就是在饱和度上呈现递减关系。也就是说，在饱和度上，通常情况下原色最高，间色次之，复色最低。

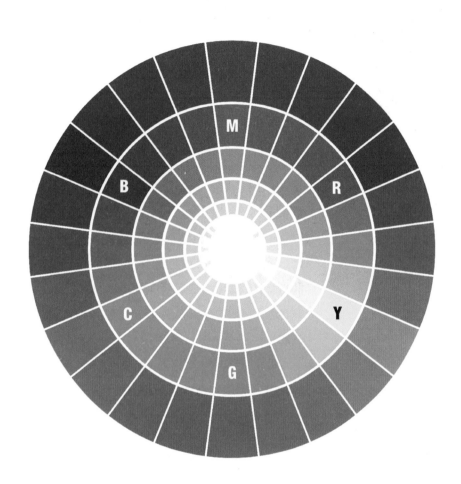

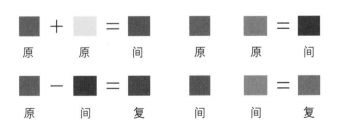

COLOUR

4. 其他色彩

对比色：对比色是指在色环上分居180度两极的色彩，例如红色和绿色，两种可以明显区分的色彩，包括色相对比、明度对比、饱和度对比、冷暖对比、补色对比、色彩和黑白的对比，比如黄和蓝、紫和绿、红和青，任何色彩和黑、白、灰，深色和浅色，冷色和暖色，亮色和暗色都是对比色关系。

同类色：同类色就是颜色的色相一样，只是明度和纯度不一样。

近似色：近似色就是色环中相邻的颜色。

除了这些有彩色系，还有一个色系叫无彩色系，分别是黑、白、灰、金、银。黄红色系称暖色系，蓝绿色系称冷色系。黑、白、灰、金、银统称无彩色系。

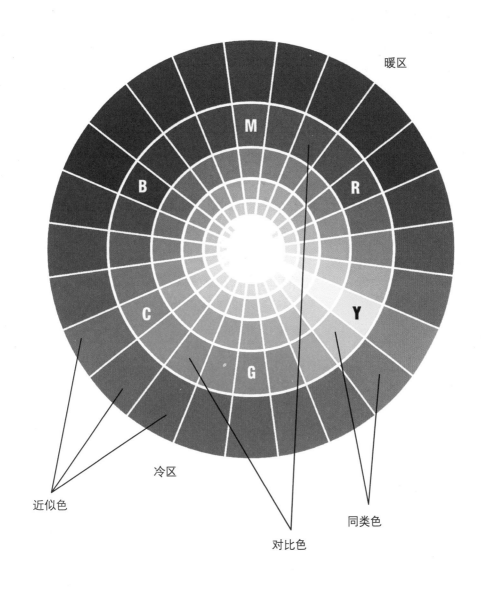

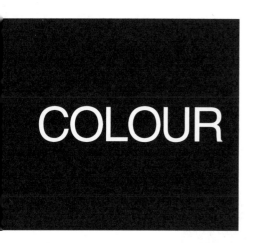

COLOUR

色彩的心理

1. 色彩的情感

不同的色彩传达着不同的表情，从而影响着观者的心情和喜好。

红色：强有力，喜庆的色彩。具有刺激效果，给人一种愤怒、热情、活力的感觉。

橙色：也是一种激奋的色彩，具有成熟、轻快、欢欣、热烈、温馨、时尚的效果。

黄色：亮度最高，有温暖感，具有快乐、希望、智慧和轻快的个性，给人感觉灿烂辉煌。

绿色：介于冷暖色中间，给人一种和睦、宁静、健康、安全的感觉。

蓝色：永恒、博大，最具凉爽、清新、专业的色彩。其和白色混合，能体现柔顺、淡雅、浪漫的气氛，给人感觉平静、理智。

紫色：给人一种高贵、神秘、压迫的感觉。

黑色：给人一种深沉、神秘、寂静、悲哀、压抑的感觉。

白色：具有洁白、明快、纯真、清洁的感受。

灰色：具有中庸、平凡、温和、谦让、中立和高雅的感觉。

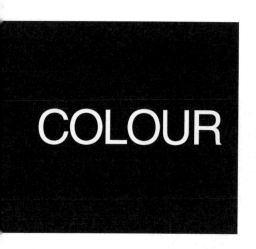

COLOUR

2. 色彩的调和

　　每种色彩在饱和度、透明度上略微变化就会产生不同的感觉。色彩会因为加入调和的色彩的多少、冷暖，而改变原有的表情倾向。例如红色的色感温暖，性格刚烈而外向，是一种对人刺激性很强的色彩。红色容易引起人的注意，也容易使人兴奋、激动、紧张、冲动，在红色中加入少量的黄色，会使其热力强盛。

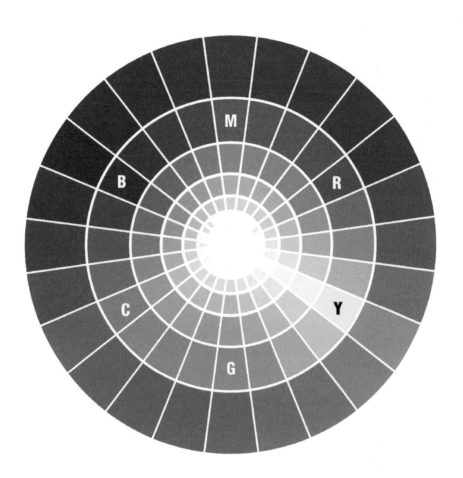

① 在红色中加入少量的黄色，会使其热力强盛，趋于躁动、不安。

② 在红色中加入少量的蓝色，会使其热性减弱，趋于文雅、柔和。

③ 在红色中加入少量的黑色，会使其性格变得沉稳，趋于厚重朴实。

④ 在红色中加入少量的白色，会使其性格温柔，趋于含蓄、羞涩、娇嫩。

COLOUR

色彩的搭配

1. 对比色搭配

对比色的搭配有着强烈的视觉冲击力，由于对比相当强烈，因此想要适当地运用对比色，必须特别慎重考虑色彩彼此间的比例问题。当使用对比色配色时，必须利用大面积的一种颜色与另一种面积较小的互补色来达到平衡。如果两种色彩所占的比例相同，那么对比会显得过于强烈。比如说红与绿在画面上占有同样面积的时候，就容易让人头晕目眩。可以选择其中之一的颜色为大面积，构成主调色，而另一种颜色占据小面积作为对比色。经验上会以3∶7甚至2∶8的比例分配原则，并且以黑白色彩进行调和。

2. 同类色搭配

同类色是由同一种色调变化出来的，如墨绿与浅绿，同类色配合会显得柔和、文雅、清淡。在空间的运用中不宜大范围地运用，一般不会作为主色，常以辅助色使用。

同类色搭配给人感觉和谐，没有波动感，画面整体性强，但是略沉闷。

COLOUR

3. 近似色搭配

　　色环上距离较近的色彩搭配被称为近似色搭配，或者类似色搭配（可以把近似和类似等同起来）。一般这种色彩之间的搭配显得平静而舒服。近似色搭配常常在自然中被找到，所以对眼睛来说，这是最舒适的搭配方式。在使用近似色搭配的时候，一定要适当加强对比，不然可能使画面显得平淡。这种搭配方式一定要注意安排一个小面积的撞色块来调节空间色彩层次。

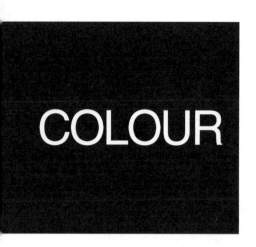

4. 无彩色搭配

为什么无彩色（黑白灰色）在色彩搭配中可以和谐地与任何彩色搭配?

因为黑白灰的感知不需要色彩信号的引入，视觉压缩容易。而且黑白灰配色是非常常见的自然界配色模式（比如在夜晚没有颜色感知的时候），容易找到匹配的模式。因此，人脑在处理黑白灰配色上负担小，再加上我们经常在庄重的场合看到黑白灰配色模式。我们在日常看到这种模式的时候，也会有严肃认真的感觉掺和进来（记忆因素的引入）。所以无彩色系的搭配很容易使空间协调，但是这种搭配也需要有小面积的点缀色进行打破，不然空间也会很沉闷。

EXER
CISE

单元提问

色彩的三要素是什么？

空间色彩搭配有几个类别？

第五章　认识家具的运用

家具的概述

家具的尺度

1. 常用家具的尺度
2. 人体与常用家具的尺度

家具的类别

1. 中式家具
2. 西式家具
3. 其他家具

家具在不同空间的运用

1. 生活空间
2. 公共空间
3. 展示空间

单元提问

FURNI TURE

家具的概述

家具是指人类维持正常生活、从事生产实践和开展社会活动必不可少的一类器具。家具具有两种特性，即实用性和观赏性。它是一个时代的生活缩影，也是一个区域的文化形态。有很强的象征性，是广为普及的大众艺术，家具的造型艺术涉及材料、结构、工艺、色彩、质感，它是艺术与功能的最佳结合。现代家具设计已经越来越"艺术化""雕塑化""时装化"。家具的陈设直接关系室内空间的风格体现及气氛渲染。家具也是室内软装设计的重要组成部分。

家具的历史发展经历了低矮家具到高脚家具的过程，材料上经历了石器家具、实木家具到板式家具的变化。而中国的明式家具更是世界家具史上的高峰。随着时代的进步更是西风东进，大量的欧式风格家具进入国内，以适应广大用户日益提高的审美需求。

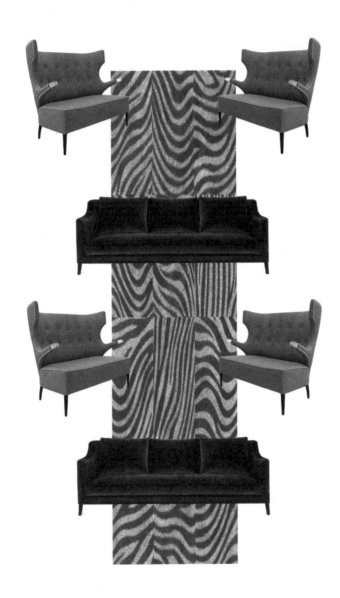

FURNI TURE

家具的尺度

1. 常用家具的尺度

我们生活中的常用家具按使用用途来分，主要为坐具、卧具、柜具、工作操作台面、展示道具。它们分属不同的功能有机地在空间中进行各种排列组合，构建出一个个精彩的空间案例。在长期的使用经验中，如何使用的舒服离不开合适的尺寸和角度。

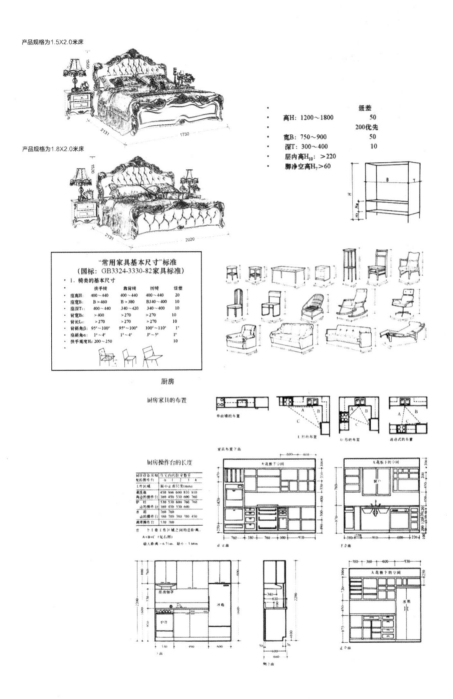

产品规格为1.5X2.0米床

产品规格为1.8X2.0米床

	级差
高H: 1200~1800	50
宽B: 750~900	200优先 / 50
深T: 300~400	10
层内高H₁₉: >220	
脚净空高H₇>60	

"常用家具基本尺寸"标准
（国标：GB3324-3330-82家具标准）

1. 椅类的基本尺寸

厨房

厨房家具的布置

厨房操作台的长度

FURNI TURE

常用家具的尺度图示

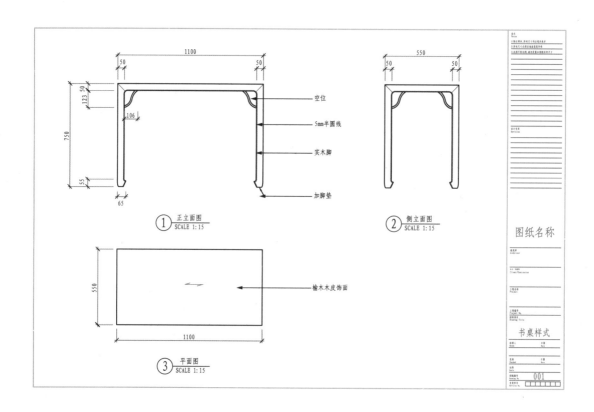

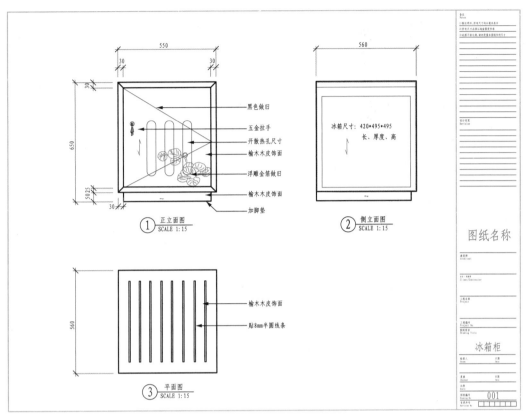

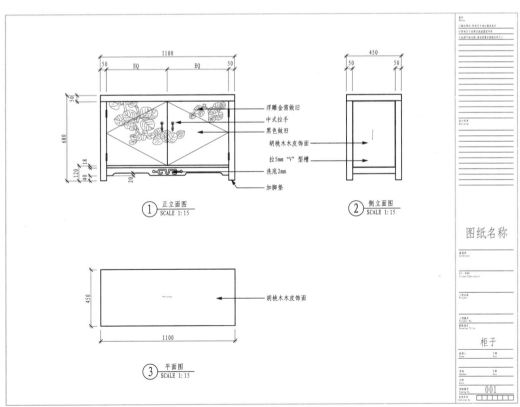

X

FURNI TURE

2. 人体与常用家具的尺度

　　人体自身的身体结构尺寸及工作范围影响着家具的造型、大小，我们称"人机关系"，好的"人机关系"才能让人在使用时身心愉悦，并且可以提高工作效率。在这里我们一般是指高度和宽度的适度范围。

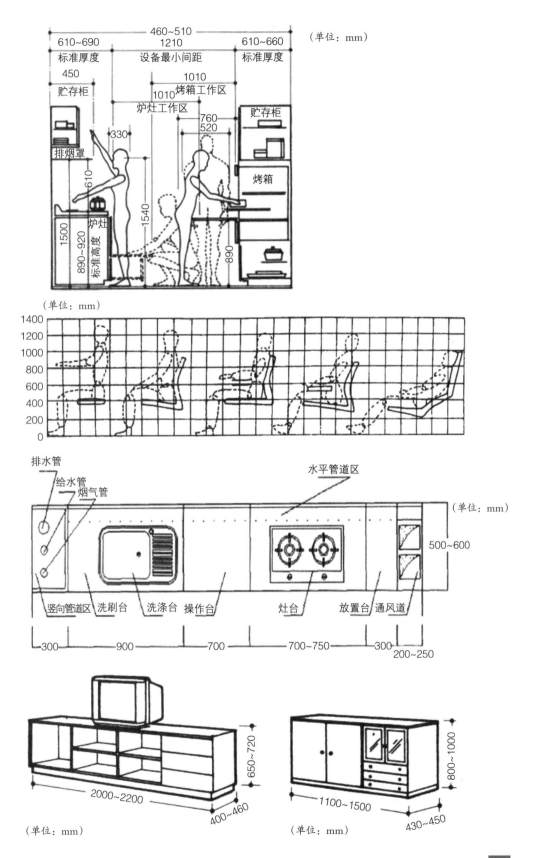

FURNI TURE

（单位：mm）

收藏规划					收藏形式	
						2400
衣服类别	餐具食品				开门、拉门翻门只能向上	
						2200
稀用品	保存食品备用餐具	稀用品	稀用品		不适宜抽屉	2000
其他季节用品	其他季节用品	消耗库存品	贵重品	稀用品	适宜开门、拉门	1800
帽子	罐头	中小型杂件				1600
上衣大衣	中小瓶类小调料筷子叉子勺子等	常用书籍画报杂志	欣赏品	电视机	适宜拉门	1400
						1200
儿童服裤子裙子				收音机扩大机留声机录音机	适宜开门翻门	1000
		文具				800
						600
						550
稀用衣服类等	大瓶饮品用具	稀用品书本	稀用品贵重品	唱片箱	透宜开门拉门	400
						200
					脚	0

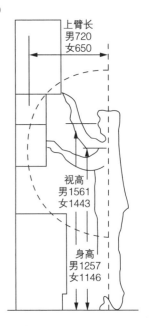

上臂长
男720
女650

视高
男1561
女1443

身高
男1257
女1146

（单位：mm）

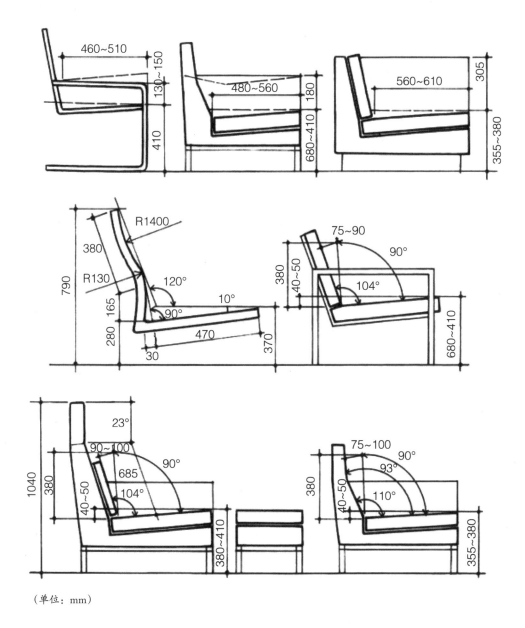

（单位：mm）

FURNI TURE

家具的类别

1. 中式家具

中式家具通过对传统文化的深刻理解，将传统元素与现代设计手法巧妙融合，既体现中国传统文化的神韵，又具备现代感的新设计、新理念，它是创新的、时尚的、新颖的，以现代人的使用需求和审美需求来打造中国浪漫情调的生活空间，中式装修风格使用传统的中国风格占主导地位，民族风格很浓厚，在色调上，以朱红、绛红、咖啡色等庄重色调为主。新中式风格很讲究空间层次感，在需要隔绝视线的地方，使用中式的屏风或窗棂、中式木门、工艺隔断等简约化的中式"博古架"，通过这种新的分隔方式体现中式家具的层次之美，以简约造型为基础，添加中式元素，使整体空间感觉丰富，有格调又不显压抑。

FURNI
TURE

2. 西式家具

西式家具按地域可以分为北欧、简欧和传统欧式风格，尤其是欧式田园风格盛行于17世纪的欧洲，强调线条的变化，色彩华丽，从"巴洛克"到"洛可可"风格无一例外都是动感十足，它是浪漫主义的代表。

北欧风格家具是在用材、造型及制作上均蕴含北欧人生活习惯和文化底蕴的一类家具，材质偏向原木的天然质地。简欧风格家具是把一些传统的欧洲家具风格进行时尚的设计和改进以后而形成的一种风格，它不仅含有欧洲国家原有的文化气息，而且还添加了一些开放、大胆而且新颖的元素。传统的欧式家具可谓是精雕细琢，特别是自文艺复兴时期以来兴起的洛可可风格更是将欧式家具的繁复装饰发挥到了极致。在细节上十分重视，强调舒适度和随意性，是奢华风格的代表。

FURNI TURE

3．其他家具

东南亚家具风格的特点是原始自然、色泽鲜艳、崇尚手工。在造型上，以对称的木结构为主，电视墙采用芭蕉叶砂岩造型，营造出浓郁的热带风情。在色彩上，以温馨淡雅的中性色彩为主，局部点缀艳丽的红色，自然温馨中不失热情华丽。在材质上，运用壁纸、实木、硅藻泥等，演绎原始自然的热带风情。

东南亚家具线条简洁凝练，喜欢用祥瑞的花纹、简洁的设计，在配饰上，艳丽华贵的色彩及别具一格的东南亚元素，使居室散发着淡淡的温馨与悠悠禅韵。

家具在不同空间的运用

1. 生活空间

在生活空间内，往往休息区会占据着很大的空间，对于休息区家具的选择要以放松性为主。而家具制作应用的材料只有两类：第一类是自然材料，就是从自然界中获取的材料，包括木材、藤条等；第二类是人工材料，就是人为制造生产的材料，其中包括玻璃、塑料、金属等。生活空间家具尽量使用天然材质，以减少室内空气的二次污染，家具的纺织品颜色的选择也要以浅色暖色调为主，制造温馨的家庭氛围。在生活空间中，家具的尺寸选择要考虑室内房间的尺度大小，不宜过大也不宜过小。所以我们会发现，家用型家具的尺寸相对于其他空间的家具会偏小些，工艺和材质会相对要求更高些。

FURNI TURE

2. 公共空间

公共空间，狭义是指那些供城市居民日常生活和社会生活公共使用的室内及室外空间，是属于大众的空间；我们这里主要讲的是室内公共空间，也就是办公空间、酒店大堂、医院和学校。

FURNI
TURE

3. 展示空间

在展示空间内，往往展示的产品才是空间的表达重点，家具只能作为一个辅助的道具和渲染空间气氛的背景，在展示空间里家具的设计要符合产品的需求。在材质上由于展示空间作为商业空间具有周转周期短、人流量大的特点，可以选择人工合成材料来进行制作，造型可略夸张，方便移动，易于重新组合。

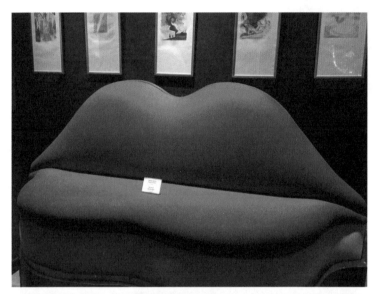

EXER
CISE

单元提问

家具有哪些类别？

家具的尺度感在空间中有什么重要性？

第六章　室内陈设装饰元素

室内主要陈设装饰元素

1. 绘画

2. 工艺品摆件

3. 花瓶

4. 插花

5. 灯具

6. 镜子

7. 雕塑装置艺术

8. 绿化植物

9. 餐具

10. 地毯

11. 窗帘

12. 床上用品

13. 靠垫

单元提问

室内主要陈设装饰元素

1. 绘画

　　绘画装饰是室内立面的重要构成，目前用得最多的主要分为中国画、油画和装饰画三大部分。中国字画的形式多姿多彩，有横、直、方、圆和扁形，也有大小长短等分别。一般挂墙的有中堂、条幅、小品、长卷、扇面、斗方等。画面内容有人物、山水、界画、花卉、瓜果、翎毛、走兽、虫鱼。技法有工笔、写意、钩勒、设色、水墨。中国字画适合运用在中式风格的室内，但也有欧式风格的室内空间以混搭的形式进行穿插装饰。

　　油画最早起源于欧洲，是西方绘画最重要的画种之一，分为人物画、风景画和静物画三种。由于油画颜料干后不变色，多种颜色调和不会变得肮脏，画家可以画出丰富、逼真的色彩。油画颜料不透明，覆盖力强，所以绘画时可以由深到浅、逐层覆盖，使绘画产生立体感，是室内装饰绘画的好选择。

　　装饰画是工艺美术的范畴，工艺制作手法丰富多彩。从现代化材料到木、石、叶、果壳；从鸟、兽、鱼、虫的皮毛到产品的剩余边角下料，只要利用得当、因材施艺，就可以成为引人入胜、耐人寻味的装饰画佳作。

ITEMS

2. 工艺品摆件

工艺品摆件即手工艺的产品，是指通过手工或机器将原料或半成品加工而成的有艺术价值的产品。工艺品来源于生活，却又创造了高于生活的价值。它是人民智慧的结晶，充分体现了人类的创造性和艺术性。工艺品分为官方工艺品和民间手工艺品，后者指民间的劳动人民为适应生活需要和审美要求，就地取材，以手工生产为主的一种工艺美术品。手工艺品的品种非常繁多，以中国为例，如宋锦、竹编、草编、手工刺绣、蓝印花布、蜡染、手工木雕、泥塑、剪纸、民间玩具等。由于各地区、各民族的社会历史、风俗习尚、地理环境、审美观点的不同，各地的手工艺品具有不同的风格特色，在西方工艺品也有着强烈的地域性和历史性。在室内空间摆放合适的工艺品可以增加整体空间的格调和档次。

ITEMS

3. 花瓶

　　花瓶是一种器皿，多为陶瓷或玻璃制成，外表美观光滑。花瓶按材质可分为陶瓷花瓶、玻璃花瓶、塑料花瓶、木质花瓶、金属花瓶、橡胶花瓶、石膏花瓶、竹艺花瓶、树脂花瓶。名贵者有水晶等昂贵材料制成用来盛放花枝的美丽植物，花瓶底部通常盛水，让植物保持生命与美丽。花瓶是插花必不可少的道具，也是构建不同风格空间的重要的装饰品。对于一个有一定审美品质的空间，仅仅实用是不够的。越来越多的设计者融入巧妙的心思，将美化空间的功能应用在平凡的空间装饰品上，所以出现了大量的纯装饰、纯收藏级的花瓶，尤其是陶瓷花瓶类。高温陶瓷花瓶是用陶烧制的，温度达到 800 度以上，有一定的硬度，声音清脆。陶与瓷不同，陶是用泥巴烧出来的。瓷是将瓷石打成粉末，搅拌成浆，倒入模具制作而成的。同一温度烧出来的陶和瓷，瓷的硬度比陶要强一些。

ITEMS

4. 插花

插花艺术即指将剪切下来的植物的枝、叶、花、果作为素材，经过一定的技术（修剪、整枝、弯曲等）和艺术（构思、造型、设色等）加工，重新配置成一件件精制完美、富有诗情画意，能再现大自然美和生活美的花卉艺术品。按用途可分为礼仪插花和艺术插花。礼仪插花是指用于社交礼仪，形式常常较为固定和简单。艺术插花是指不特别要求具备社交礼仪方面的使用功能，主要用来供艺术欣赏和美化装饰环境的一类插花。按风格可分为东方式插花、西方式插花。东方式插花是以中国和日本为代表的插花，与西方插花的追求几何造型不同，东方插花更重视线条与造型的灵动美感。东方式插花有中国插花和日本插花之分，但都是以表达东方的哲学思想为主。西式插花一般指欧美各国传统的插花艺术形式。花多而色彩艳丽，多以几何图形构图插制，分为半球形、三角形、水平形、花扇形、瀑布形。

ITEMS

5. 灯具

灯具可分为0、Ⅰ、Ⅱ、Ⅲ，共四类，级别越高，越能满足防触电的需要。照明灯具的品种很多，有吊灯、吸顶灯、台灯、落地灯、壁灯、射灯等；照明灯具的颜色也有很多，有无色、纯白、粉红、浅蓝、淡绿、金黄、奶白。选灯具时，不要只考虑灯具的外形和价格，还要考虑亮度，而亮度的定义应该是不刺眼、经过安全处理、清澈柔和的光线。应按照居住者的职业、爱好、情趣、习惯进行选配，并应考虑家具陈设、墙壁色彩等因素。照明灯具的大小与空间的比例有很密切的关系，选购时，应考虑实用性和摆放效果，方能达到空间的整体性和协调感。家是私人空间，有其私密性和个性化要求，因此，照明设计方案需要考虑到这一特点。所谓个性化，通常体现为某种特定的氛围或心理上的感受，像入口门厅、私人会客厅或节日餐厅等处是需要强调氛围效果的区域。色温会给人不一样的感觉，色温大于6500K，光色为清凉（带蓝的白），气氛效果为清冷的感觉，光源主要为荧光灯、水银灯。色温为3300K~6500K，光色为中间（接近自然光），气氛效果为无明显心理效果，光源主要为荧光灯、金卤灯。色温小于3300K，光色为温暖（带橘黄的白），气氛效果为温暖的感觉，光源主要为白炽灯、卤素灯杯。应该根据不同的空间使用功能来选择灯具及光源亮度。

ITEMS

6. 镜子

镜子是现代家居装饰不可或缺的物品。背面涂金属的玻璃镜子是12至13世纪之交出现的，至文艺复兴时期，纽伦堡和威尼斯已成为著名的制镜中心。14世纪初，威尼斯人用锡箔和水银涂在玻璃背面制镜，照起来很清楚。15世纪纽伦堡制成凸透镜，是在制作玻璃球时在内部涂一层锡汞齐。现代镜子是用1835年德国化学家利比格发明的方法制造的，把硝酸银和还原剂混合，使硝酸银析出银，附在玻璃上。一般使用的还原剂是食糖或四水合酒石酸钾钠。1929年，英国的皮尔顿兄弟以连续镀银、镀铜、上漆、干燥等工艺改进了此法。今天在世界各地都可以看到的镀银玻璃镜子最早出现于德国。1835年，德国化学家尤斯图斯·冯·李比希研发出一种把一层很薄的金属银涂到一块透明玻璃的其中一面的方法。这项技术不久就被改进，为批量生产镜子提供了条件。在今天的室内空间，镜子的运用已经远远超出了它的功能，装饰性的运用随处可见。

7. 雕塑装置艺术

雕塑装置艺术，是造型艺术的一种，又称雕刻，是雕、刻、塑三种创制方法的总称，借助各种可塑材料（如石膏、树脂、黏土等）或可雕、可刻的硬质材料（如木材、石头、金属、玉块、玛瑙等），创造出具有一定空间的可视、可触的艺术形象，表达艺术家的审美感受、审美情感、审美理想。装置艺术是指艺术家在特定的时空环境里，将人类日常生活中的已消费或未消费过的物质文化实体进行艺术性的有效选择、利用、改造、组合，以令其演绎出新的展示个体或群体丰富的精神文化意蕴的艺术形态。简单地讲，装置艺术，就是"场地＋材料＋情感"的综合展示艺术。目前已经成为大空间，尤其是公共室内空间必不可少的装饰工具。装置艺术始于20世纪60年代，也称为"环境艺术"。作为一种艺术，它与20世纪六七十年代的"波普艺术""极少主义""观念艺术"等有联系。在短短几十年中，装置艺术已经成为当代艺术中的时髦，许多画家、雕塑家都给自己新添了"装置艺术家"的头衔。在西方已经有专门的装置艺术美术馆，例如英国伦敦的装置艺术博物馆，美国旧金山的卡帕街装置艺术中心。

ITEMS

8. 绿化植物

在室内条件之下，经过精心养护，能长时间或较长时间正常生长发育，用于室内装饰与造景的植物，称为室内观叶植物。室内观叶植物以阴生植物为主，也包括部分既观叶又观花、观果或观茎的植物。立体绿化则是绿化装置在基本不占用地面积的情况下，充分利用阳台、室内外的立体空间进行园林绿化，将园林的花、鸟、鱼、树、山石、流水、灯光等园林要素艺术精致地集中在一起，将室内的阳台、窗户、室内空间打造成美丽花园。室内绿化有几个基本要求：①光照要求，室内有充足的光照。一般利用窗的侧射光或透过玻璃顶棚的直射光。但也可利用发光装置，增加光照强度并延长光照时间。②温度湿度，温度和湿度适当，通风良好，也是保证室内绿化的重要因素。空气调节设备一般能保持17℃～22℃的气温，40%～60%的相对湿度和风速0.3s／m以上的通风状况。这也是保持植物正常生长的条件。③栽培要求，可选择无土壤基质，这种腐殖质丰富的基质经过消毒杀菌，不会污染室内环境。基肥和追肥可选用化学肥料和植物激素配制而成的长效肥料，施足一次可供植物半年之需。

ITEMS

9. 餐具

餐具分为中式餐具和西式餐具，中国人喜欢用筷子吃饭，而西方人则擅长用刀和叉吃饭。中国人喜欢一家人坐在桌旁，用盘子和碗盛放各种菜肴，大家一起享用。西方人则习惯于分餐制，每人面前放一两个盘子，将食物分成几份分别放在各自的盘子里食用。中国人喜欢用茶杯泡茶，西方人则喜欢各种瓶装或玻璃杯装的饮料。无论在东西方的饮食文化里，餐桌都是一个仪式感很强的地方。餐具自然就成了这种仪式感表达的最好的载体。

ITEMS

10. 地毯

　　地毯是空间软装设计中的常用元素，地毯按材质划分一般分为7类：①纯羊毛地毯，最常见的分为拉毛和平织的两种，多半售价昂贵。其清洁及护理非常麻烦，需要到洗衣店专业清洗。色调较暗一点或是有花纹的较耐脏，可半年拿到洗衣店专业清洗一次，平时用吸尘器清理。羊毛地毯用于卧室或更衣室比较理想，因为这类场所通常比较私密。②纯棉地毯，分为很多种，有平织的、线毯（可两面使用）、雪尼尔簇绒系列等脚感柔软舒适，便于清洁，可以直接放入洗衣机清洗。纯棉地毯有加底的，也有无底的，加底的主要起到防滑作用，客厅及卧室、书房等干区可选用无底的，浴室、入口、餐厅、练功房等可选用加底的。③合成纤维地毯，最常用的分为两种，其中一种使用面主要是聚丙烯，背衬为防滑橡胶，但花样品种较多，不易褪色，脚感不如羊毛及纯棉地毯，适用于餐厅、浴室区域或是儿童房；④麂皮地毯，一般为碎牛皮制成，颜色比较单一，烟灰色或怀旧的黄色居多，非常时尚，质感很强，适用于客厅、工作室、书房等干区，因为不能用水清洁，只能靠吸尘清洁。⑤黄麻地毯，有榻榻米席的效果，适合专门的室内使用。⑥碎布地毯，材料朴素，价格非常便宜，花色以同色系或互补色为主色调，可以机洗，但不适合大面积使用。⑦真丝地毯，非常昂贵，非常娇贵，除豪宅外，一般情况不建议使用。

ITEMS

11. 窗帘

窗帘是由布、麻、纱、铝片、木片、金属材料等制作而成的，具有遮阳隔热和调节室内光线的功能。布帘按材质分有棉纱布、涤纶布、涤棉混纺、棉麻混纺、无纺布等。不同的材质、纹理、颜色、图案等综合起来就形成了不同风格的布帘，配合不同风格的室内设计窗帘。窗帘的控制方式分为手动和电动。手动窗帘包括手动开合帘、手动拉珠卷帘、手动丝柔垂帘、手动木百叶、手动罗马帘、手动风琴帘等。电动窗帘包括电动开合帘、电动卷帘、电动丝柔百叶、电动天棚帘、电动木百叶、电动罗马帘、电动风琴帘等。随着窗帘的发展，它已成为居室不可缺少的、功能性和装饰性完美结合的室内装饰品。

选择窗帘布，要结合居室采光、家具陈设、空间大小、房间色彩、个人爱好和家庭的经济条件等情况加以考虑。一般来说，面料应美观实用、图案色彩不宜太复杂。客厅光线充足，又是人们活动比较集中的场所，适宜采用透光而有图案的窗纱，卧室通常要求静谧，家具色彩不宜太强烈，光线不宜太强。因此，窗帘最好分为两层，外层选用透光的窗纱，内层选用半透光或不透光的面料。

12. 床上用品

床上用品是室内空间的重要组成部分，可分为3类。

①枕类：可分为枕套、枕芯，枕套又分为短枕套、长枕套、方枕套等；枕芯又分为四孔纤维枕、方枕、木棉枕、磁性枕、乳胶枕、菊花枕、荞麦枕、决明子枕等。②被褥类：可分为七孔被、四孔被、冷气被、保护垫。③套件：可分为四件套、五件套、六件套、七件套。

床上用品从材质分：①涤棉产品一般采用65%涤纶、35%棉配比的涤棉面料，涤棉分为平纹和斜纹两种。平纹涤棉布面细薄，强度和耐磨性都很好，缩水率极小，制成产品外形不易走样，且价格实惠，耐用性能好，但舒适贴身性不如纯棉。此外，由于涤纶不易染色，所以涤棉面料多为清淡、浅色调。斜纹涤棉通常比平纹密度大，所以显得密致厚实，表面光泽、手感都比平纹好。②色织纯棉为纯棉面料的一种，是用不同颜色的经、纬纱织成。由于先染后织，染料渗透性强，色织牢度较好，且异色纱织物的立体感强，风格独特，床上用品中多表现为条格花型。它具有纯棉面料的特点，但通常缩水率比较大。③高支高密提花面料纯棉织物的经、纬密度特别大，织法变化丰富，因此面料手感厚实，耐用性能好，布面光洁度高，多为浅色底起本色花，别致高雅，是纯棉面料中较为高级的一种。④纯棉手感好，使用舒适，易染色，花型品种变化丰富，柔软暖和，吸湿性强，耐洗，带静电少，是床上用品广泛采用的材质。

ITEMS

13. 靠垫

　　靠垫的色彩能调节室内空间的气氛。在室内总的色调比较简洁单一时，靠垫可采用纯度高一些的鲜艳色彩，通过靠垫形成的鲜艳色块来活跃气氛。例如卧室内的色调较为鲜艳丰富，就可以考虑使用简洁的灰色系列颜色的靠垫，来协调室内色调。

　　靠垫的形状可随意设计，多为方形、圆形和椭圆形，还可以将靠垫做成动物、人物、水果及其他有趣的形象。在样式上也可参照卧室内床罩的样式或沙发的样式制作，也可以独立成章。因其体积较小，制作上要注重它的精致巧妙。

　　靠垫的饰面织物选材广泛，如一般的棉布、绒布、锦缎、尼龙或麻布等均可。也可选用素色布面，内芯可用海绵、泡沫塑料、棉花或碎布等充填。

EXER
CISE

单元提问

室内陈设元素有哪些?

灯具我们应该选择哪级更安全?

床上用品有哪些材质?

第七章　软装经典四大色调搭配技巧

软装色调搭配技巧

1. 白色调系空间软装搭配技巧
2. 灰色调系空间软装搭配技巧
3. 黑色调系空间软装搭配技巧
4. 大地色调系空间软装搭配技巧

单元提问

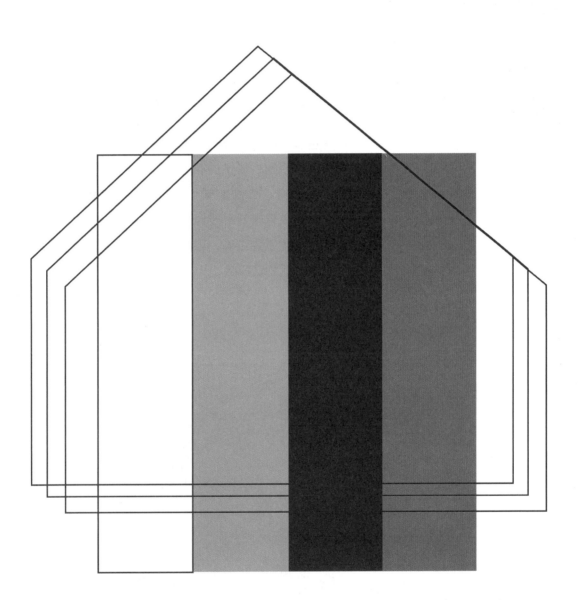

TECH
NIQUE

软装色调搭配技巧

1. 白色调系空间软装搭配技巧

　　白色调系的空间搭配是种明亮的高调，给人一种干净、明朗、愉悦的视觉感受。非常适合运用在老房改造、二次翻新、楼层净高不够的空间。在白色调系空间一般会运用木色提高空间感觉温度，配色不宜过繁，可以用少量的黑色进行点缀打破空间的沉闷感。

灯的材质色彩和顶近似

地毯色系和地板接近并且与明度接近顶

柜体与墙面同色减少界面色彩太多的问题

家具椅子色系可深与地面增加空间层次感

黑边镜框提亮
空间对比度

木纹材质软化空间

视觉焦点

软装技巧Tip

物品可以杂但是色彩不能超过硬装的色彩
数量，点缀色的物品可以是抱枕、花瓶，
但明度切记不能太高

TECH NIQUE

2. 灰色调系空间软装搭配技巧

灰色调系的空间搭配是最高雅，也是让人最放松的搭配之一。灰色是一种很好的中性色彩。在灰调空间的软装中要注意黑色物品的有效运用，用多了会压抑过暗，用少了会起不到丰富空间层次的作用。尽量运用同灰色色相不同明度、不同肌理的材质物品。白色作为背景色时不要过白，应该选择偏暖一点的沙色更宜。

注意窗帘、沙发、地毯的3种灰
色在材质肌理、色彩灰度和明度
上的区别选择

软装技巧Tip
善用木色及黑色的物品
调节空间

TECH NIQUE

3. 黑色调系空间软装搭配技巧

黑色调系的空间搭配冷酷、时尚、统一度高，是不少走个性路线的专卖店空间、私人会所、音乐演出影院及小众品味的私人生活空间的热爱。在软装搭配上配金、银、铜金属感的点缀可以提升高贵感。白色物品更是不可缺的协调色彩。

金属质感的靠枕及灯罩提亮
空间色泽

暖光源减轻空间的冰冷感

地毯色系和地板接近
并且与明度接近

软装技巧Tip

善用白墙及物品的金属色
打破沉闷

黑色灯罩和黑色家具进行呼应

TECH NIQUE

4. 大地色调系空间软装搭配技巧

　　大地色调是指棕色系、褐色系、杏色、藕荷色等温暖、淡雅的颜色，而大地色调的空间有一种迷人的亲和力。在材料的选择上讲究天然材质，这种空间的软装搭配尤其适合旧物二次利用。室内物品构成讲究明度略暗，十分容易打造出怀旧宁静的情绪。

棕色木板占据大部分
的界面

抹茶绿是典型的大地色彩

旧木的再利用

天然棉麻面料

软装技巧Tip

旧木纹的装饰品不要年代太新，最好采用
纯天然材质尽量利用自然光

EXER
CISE

单元提问

室内经典四大色系搭配有哪些?

哪种软装色系搭配更优雅?

大地色调系的软装效果为什么会有亲和力?

第八章　软装十一大风格元素解析

软装风格元素解析

1. 欧式宫廷风格

2. 欧式田园乡村风格

3. 地中海风格

4. 日式禅意风格

5. 东南亚风格

6. 装饰艺术（波普）风格

7. 现代主义风格

8. 北欧风格

9. 后现代风格

10. 新中式风格

11. Loft风格

单元提问

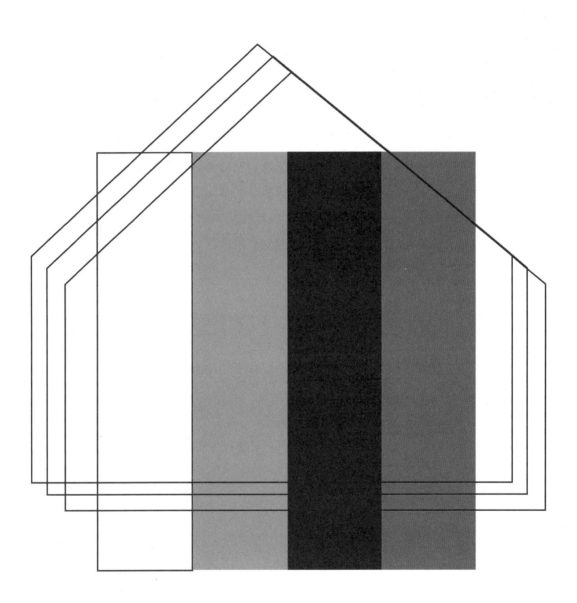

软装风格元素解析

1. 欧式宫廷风格

【欧式宫廷风格】的特点：华丽、精美、高贵，工艺和材质要求颇高，无论是装修选材还是软装纺织品或是装饰品都要求精工细作，真材实料。尤其喜欢用金箔，如果缺少材料的质感，那宫廷感就很难表现出来。

欧式宫廷风格主要分为巴洛克和洛可可。巴洛克烦琐、金碧辉煌、色彩浓郁；洛可可炫丽、弧线优美、女性味十足。这让欧式宫廷风格成为很多豪宅别墅业主的首选。

软装风格元素必备：

（1）金色大水晶多头吊顶

（2）壁画、壁毯、油画

（3）镜子的运用

（4）金箔描线

（5）室内雕塑品

（6）纺织品多为丝绒、塔夫绸

（7）金色烛台

STYLE

2. 欧式田园乡村风格

【欧式田园乡村风格】的特点：重在对自然的表现，主要分为英式、法式和美式三种田园风格。英式多用于华美的布艺以及纯手工的制作：每一种布艺乡土味道十足，家具材质多使用松木、椿木，制作以及雕刻全为纯手工，十分讲究；法式的特色是家具的洗白做旧处理及大胆的配色；美式大气开阔喜欢用原木深色。

软装风格元素必备：

（1）柔软的印花纺织品

（2）碎花墙纸

（3）原木仿旧家具

（4）有色墙漆

（5）黑铸铁吊灯

（6）提花块毯

（7）吊扇

STYLE

3. 地中海风格

【地中海风格】的特点：明亮、大胆、色彩丰富、简单、民族性、捕捉光线，是此类海洋风格装修的典型代表，因富有浓郁的地中海人文风情和地域特征而得名。一般选择直逼自然的柔和色彩，将海洋元素应用到家居设计中，广泛运用拱门与半拱门。在家具选配上，一般通过擦漆做旧的处理方式。这种风格尤其以希腊的"蔚蓝海岸"为代表。

软装风格元素必备：

（1）木质百叶门窗

（2）蓝白条纹纺织品

（3）对比色黄色物品的运用

（4）木质做旧吊灯

（5）复古砖花片

（6）马赛克拼花

（7）自然元素的贝壳海洋生物

4. 日式禅意风格

【日式禅意风格】的特点：心随禅静、注重境界，追求淡雅节制。注重与大自然相融合，所用的材料也多爱用自然界的原材料。一般采用清晰的线条，使居室的布置带给人以清洁、有较强的几何立体感。

营造闲适、悠然自得的生活境界。朴素、自然。讲究"清逸起于浮世，纷扰止于内心"。讲究空间的流动与分隔，流动则为一室，分隔则分为几个功能空间。

软装风格元素必备：

（1）原木及原木线条

（2）竹、藤、麻和其他天然材料颜色

（3）日式"枯山水"的运用

（4）木格子

（5）灰白基调

（6）木质推门、榻榻米茶室

（7）半透明樟子纸

STYLE

5. 东南亚风格

【东南亚风格】的特点：具有强烈的热带雨林的自然之美，又具浓郁的民族特色，色彩搭配斑斓高贵，生态装饰品拙朴禅意。南亚有许多有创意的民族，他们有着自己独特的宗教和信仰，带有浓郁宗教情结的饰品摆件也相当风靡。布艺色调的选用：东南亚风情标志性的炫色系列多与深色系和标志性的柚木、藤木相呼应。

软装风格元素必备：

（1）藤木家具

（2）高纯度靠枕

（3）低纯度高明度纱帐

（4）阔叶芭蕉叶绿化

（5）佛头

（6）中性色壁纸

（7）镜子

6. 装饰艺术（波普）风格

【装饰艺术（波普）风格】的特点：技术美感，机械式的、几何的、纯粹装饰，线条和流行风格。感性的自然界的优美线条，称为有机线条，比如花草动物的形体，尤其喜欢用藤蔓植物的颈条以及东方文化图案，如日本浮世绘。色彩运用方面以明亮且对比强烈的颜色来彩绘，具有强烈的装饰意图。追求大众化、通俗化的趣味，设计中强调新奇与独特，是典型的形式主义的设计风格。

软装风格元素必备：

（1）新的自我表现中心的造型

（2）明亮俗艳的对比色

（3）标新立异的家具

（4）夸张的装饰画

（5）高度象征意义的陈设品

（6）纺织品有游戏色彩

（7）工业设计娱乐化的家具

7. 现代主义风格

【现代主义风格】的特点：反对任何装饰的简单几何形状，功能主义至上。它是20世纪20年代前后，欧洲一批先进的设计家、建筑家从建筑设计发展而来的。通过新材料钢筋混凝土、平板玻璃、钢材的运用打破了对木材、石料、砖瓦的依附。主张标准化的批量化，是典型的理性主义设计。

软装风格元素必备：

（1）直线的室内空间

（2）单色的纺织品

（3）不锈钢装饰摆件

（4）板式家具

（5）单色不同材质的肌理对比

（6）反对大的色彩对比

（7）讲究光及室外景观的借入

8. 北欧风格

【北欧风格】的特点：简洁、直接、功能化且贴近自然。在建筑室内设计方面，室内的顶、墙、地三个面，完全不用纹样和图案装饰，只用线条、色块来区分点缀。对后来的"极简主义风格和简约主义风格"产生了重要的影响。它主要是指欧洲北部国家挪威、丹麦、瑞典、芬兰及冰岛等国的艺术设计风格。

软装风格元素必备：

（1）原木家具

（2）保留材料原始质感

（3）直线条

（4）棉麻地毯

（5）黑白两色

（6）简化设计

（7）家具造型独特

9. 后现代风格

【后现代风格】的特点：将诗意重新带回我们的生活，装饰性强几乎是后现代设计的一个最为典型的特征，它是对现代主义纯理性的逆反。强调建筑及室内装潢应具有历史的延续性，喜欢新造型手法，讲究人情味，家具和陈设品对比夸张；爱使用非传统的色彩，讲究文化的多元，生活的多元；仪式化特征十足，强化设计手段的含糊性和戏谑性。

软装风格元素必备：

（1）跳跃的大色块

（2）造型奇特的家具

（3）镜子的大面积运用

（4）灯具夸张

（5）大面积大理石

（6）纺织品多为丝绒、混纺

（7）金属色摆件

10. 新中式风格

【新中式风格】的特点：讲究纲常，讲究对称，常以阴阳平衡概念调和室内生态。选用天然的装饰材料，运用"金、木、水、火、土"五种元素的组合规律来营造禅宗式的理性和宁静环境，以中国传统古典文化作为底蕴，营造中国浪漫情调的生活空间，红木、青花瓷、紫砂茶壶以及一些中式工艺品等都体现了浓郁的东方之美，风格渗透了中国几千年的文明和审美。

软装风格元素必备：

（1）硬木家具

（2）中式"博古架"

（3）陈列品的层次感

（4）中国画

（5）色彩红、黄、蓝、绿穿插

（6）纺织品多为丝、麻、纱、壁纸

（7）佛头

STYLE

11. Loft风格

【Loft风格】的特点：高大而开敞的空间，上下双层的复式结构。20世纪40年代，Loft这种改自仓库、厂房的居住生活方式首次在美国纽约出现。户型内无障碍、透明性私密程度低，户型间可以全方位组合，很快成为最具个性、最前卫、最受年轻人青睐的装修风格。Loft风格如今在全球广为流传，并且与艺术家、前卫、先锋、798相提并论。非常适合高层复式空间。

软装风格元素必备：

（1）各种裸露的线管梁柱

（2）粗糙的金属材质

（3）老物件两次利用

（4）旧木

（5）水泥

（6）纺织品多为白色纯棉

（7）玻璃及钢材

EXER CISE

单元提问

有哪几种经典的软装搭配风格?

这几种风格的标志性元素分别是什么?

你最喜欢哪种风格? 为什么?

致　谢

　　本书的顺利出版，得到了很多人的支持和帮助，书中大部分的图片来自作者自己的拍摄，也有一部分照片来自网络和朋友分享，由于大部分的网络图片无法找到原作者，特在此对你们精彩的分享表示诚挚的感谢。因为有你们的精彩案例，本书才能得以完成，也让本书能够更好地让人理解。

THANKS